JN060733

はじめに

　はなは　どこに　さくのでしょう。ヒマワリのように　くきの
いちばん　うえに　さく　はなも　ありますが、はっぱの　つけねに
さく　はなも　あります。しゅるいによって　はなの　さく　ばしょが
ちがうのです。
　はなの　さく　ばしょが　わかれば、「つぼみ」が　つく　ばしょも
わかります。ちいさな「つぼみ」も　みつけられるように　なります。
いろいろな　しょくぶつで、はなの　さく　ばしょを
しらべてみましょう。

千葉県立中央博物館 主任上席研究員　斎木健一

　あたらしいことを　しると、うれしい　きもちに　なります。
この　ほんでは、「これは　なんの　つぼみでしょう。」と、みなさんに
といかける　ページが　あります。そこで、「なんだろう？」と、
いちど　かんがえてみてください。「かんがえる」ことで、ページを
めくった　ときに、あたらしいことを　しった　うれしさだけでなく、
おどろきや　はっけん、そして、ふしぎも　うまれてくることでしょう。
　ひとりで、ともだちと、おうちの　ひとと　いっしょに、
かんがえながら、この　ほんを　たのしんでもらえたら　うれしいです。

筑波大学附属小学校 国語科教諭　白坂洋一

つぼみ
たね
はっぱ…

しょくぶつ これ、なあに？ 1

なんのつぼみ？

監修
斎木健一
白坂洋一

いろいろな　つぼみを　みてみましょう

しょくぶつの
まだ　さいていない　はなを
つぼみと　いいます。
つぼみを　よく　みてみると、
ねじれていたり、ふくらんでいたり、
さまざまな　かたちを　しています。
いろいろな　つぼみの　しゃしんを　みて、
どのような　はなが　さくのか
かんがえてみましょう。

ツンツン
とがった
つぼみです。
これは
なんの
つぼみ
でしょう。

これは
ヒマワリの
つぼみです。

はなびらが
すこしずつ　ひらいて、
おおきな　はなが
さきます。

ヒマワリは
つぼみの　とき、
たいようの
むきに　あわせて
いろいろな　ほうこうを
むきます。

たいよう（太陽）を
おいかけるように
みえることから、
「ヒマワリ（陽まわり）」と
いう　なまえが　つきました。

もっと しりたい!

たくさんの　はなが　あつまって おおきく　みえる　ヒマワリ

ヒマワリの　はなは
おおきく　みえますが
じつは　ちいさな　はなが
たくさん　あつまって
ひとつの　おおきな
はなを　つくっています。
　はなが　かれると、
ちいさな　はなの
ひとつひとつに
たねが　できるので、
たくさんの　たねが　できます。

ヒマワリの　はな

いちばん
そとがわの　はなには
はなびらが　あります。

ここに　たねが
できます。

ちいさな　はなが
あつまっています。

とりだした　たね

ヒマワリの　たね

たねの　なかみは
たべることが
でき、えいようが
あります。

ひとつの
おおきな　はなから
できる　たねは、
500 こから
3000 こも
あります。

まるくて
しましまの
つぼみです。

これは
なんの
つぼみ
でしょう。

これは カラスウリの つぼみです。

カラスウリの み

カラスウリの みは
つぼみと かたちが
よく にています。

なつの　よる、
しろい　はなが
さきます。
はなびらの　はしは
ほそく　さけて
レースのように
みえます。

はなびらは
つぼみの　なかに
おりたたまれて
はいっています。

つぼみを
きった　ところ。

もっと しりたい!

よるに さく はなも ある

カラスウリの はなは、
たいようが しずむと さきはじめ、
あさには しぼんでしまいます。
よるに さく はなは、
くらい ところでも よく みえる
しろや きいろの はなが おおく、
かおりが つよい ものも あります。
これは、よるに かつどうする
むしを よびよせて、
かふんを はこんでもらうためと
かんがえられています。

よるに さく はな

ユウガオ

ウリの なかまです。
みを ほそく むいて
ほした ものが
かんぴょうです。

ユウガオの み

マツヨイグサ

よるに さくので、
つきみそう（月見草）とも
よばれます。

ゲッカビジン

サボテンの なかまで、
とても つよい
かおりが します。

あかくて
ゆびのような　かたちの
つぼみです。
これは
なんの
つぼみ
でしょう。

これは
ヒガンバナの
つぼみです。

あきの
おひがんの　ころに
まっかな　はなが
さきます。

はっぱが
でる　まえに
つぼみだけが
じめんから
かおを　だし、
にょきにょき　のびて
はなが　さきます。

もっと しりたい!

ヒガンバナは　ふきつな　はな?

ヒガンバナには　どくが　あって、
まちがえて　たべると　きけんです。
また、ヒガンバナは　おはかの
ちかくに　うえられているため
「ふきつな　はな」とも　いわれます。
ヒガンバナの　どくは、おもに
きゅうこんに　ふくまれています。
しかし、きゅうこんを　くだいて
なんども　みずで　あらって
こなに　すると、たべることが
できます。
ヒガンバナは　ふきつではなく、
やくにたつ　はななのです。

ヒガンバナの　1ねん

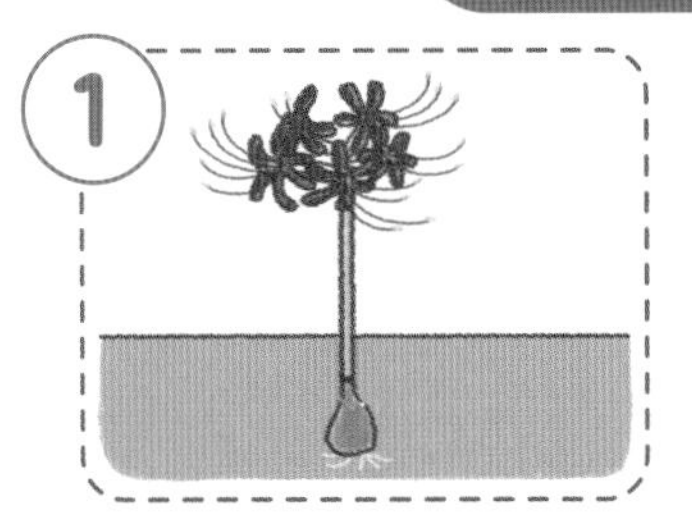

あきに　はなを
さかせます。

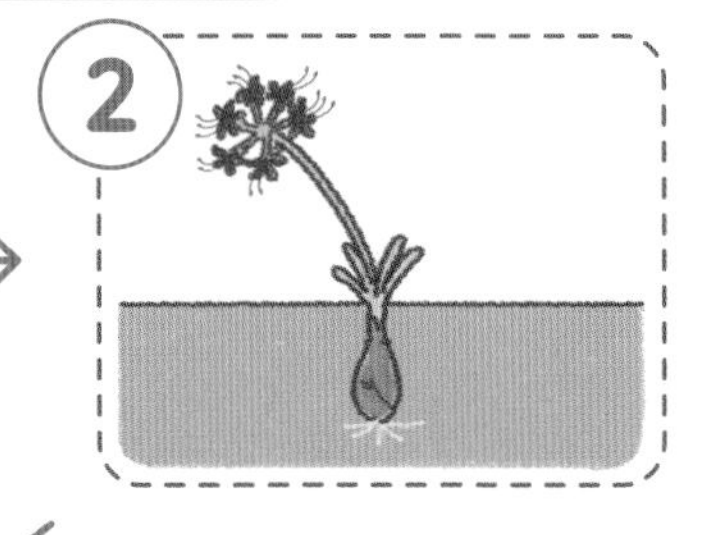

はなが　おわるころ、
はっぱが　でます。

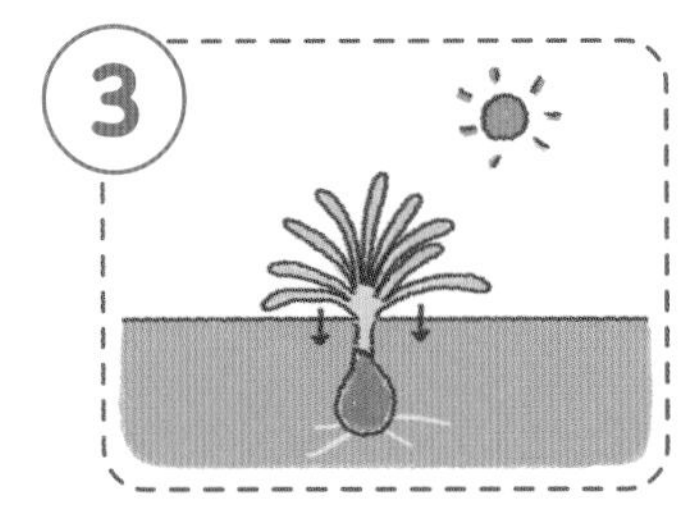

ふゆから　はるまで
はっぱで　えいようを
つくり、きゅうこんに
ためます。

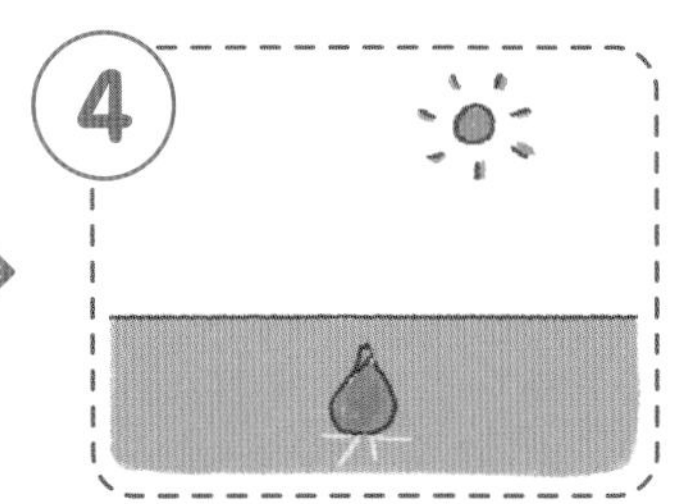

なつは　はっぱが
なくなり、つちの
なかで　やすんでいます。

ヒガンバナ

きゅうこんに
たくさん
どくが　あります。

キュッと　ねじれている
むらさきいろの
つぼみです。
これは
なんの
つぼみ
でしょう。

これは
サツマイモの
つぼみです。

ねじれた　つぼみが
すこしずつ　ひらいて
まるい　はなが
さきます。

つぼみは、さきが
ねじれています。

はなびらは
ひとつに
つながっています。

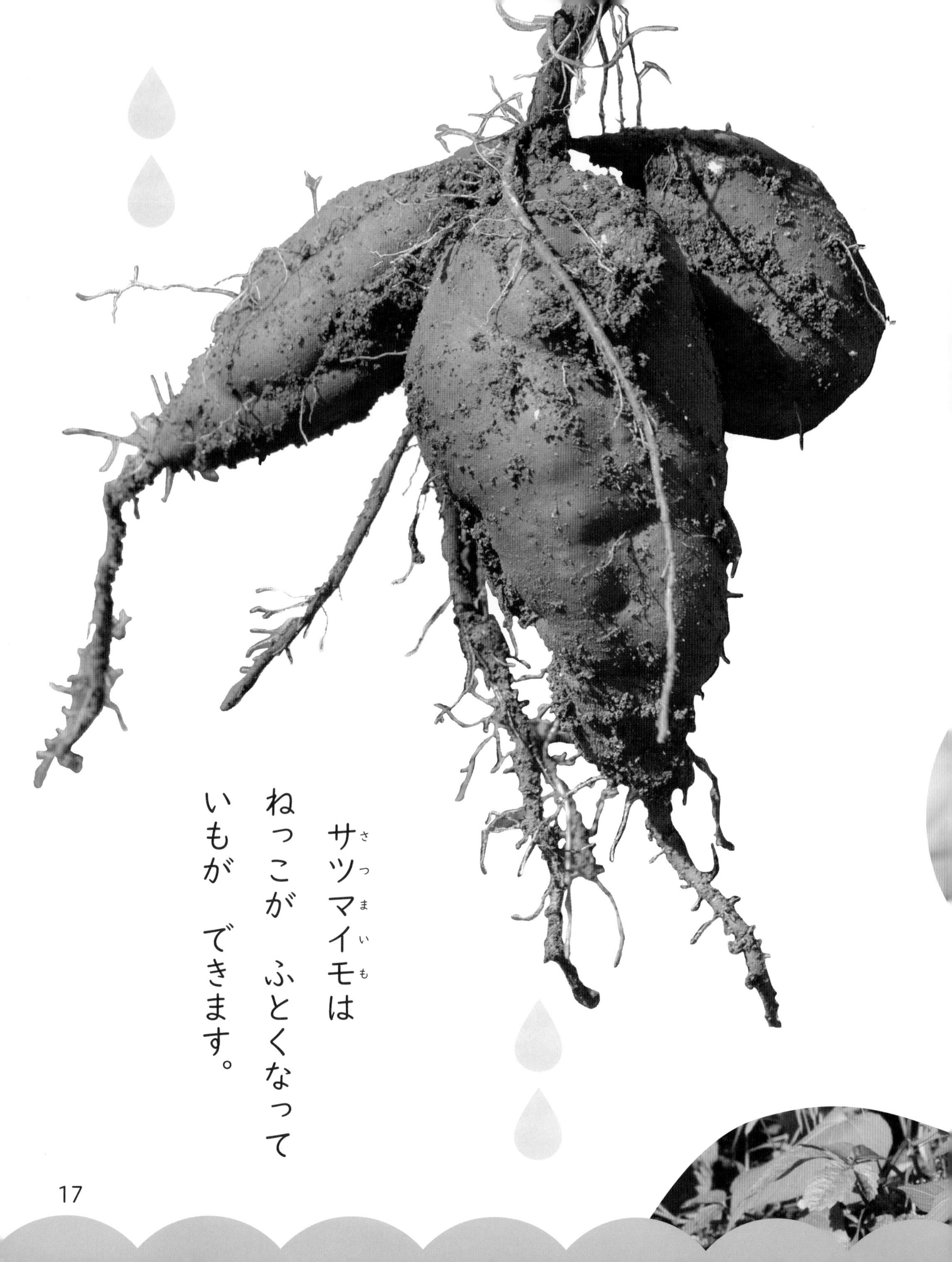

サツマイモ（さつまいも）は
ねっこが　ふとくなって
いもが　できます。

もっと しりたい！

にほんでは あまり みられない サツマイモの はな

サツマイモの はなは、きおんが たかくて ひるが みじかい ばしょで さきます。

にほんの ほとんどの ばしょでは、あつい なつは ひるが ながく、ひるが みじかくなる あきには きおんが さがってしまいます。そのため サツマイモの はなを みることが できません。

サツマイモの いもは じめんの なかで ねっこが ふとくなって できます。

サツマイモが できるまで

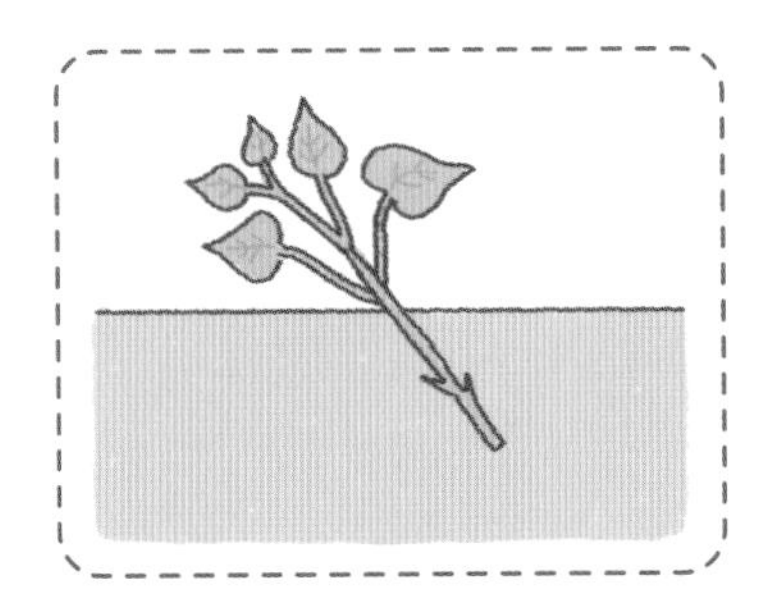

❶なえを うえる。

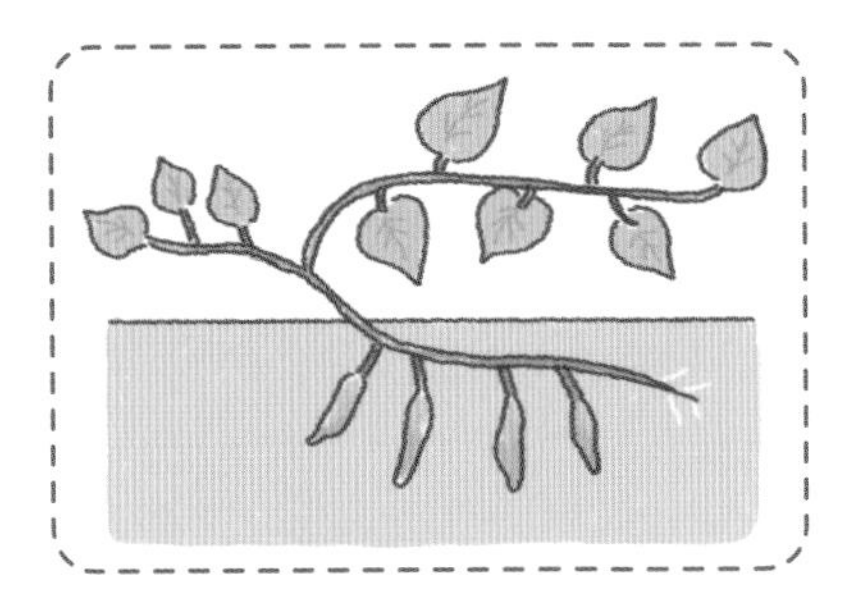

❷はっぱと ねっこが のびる。

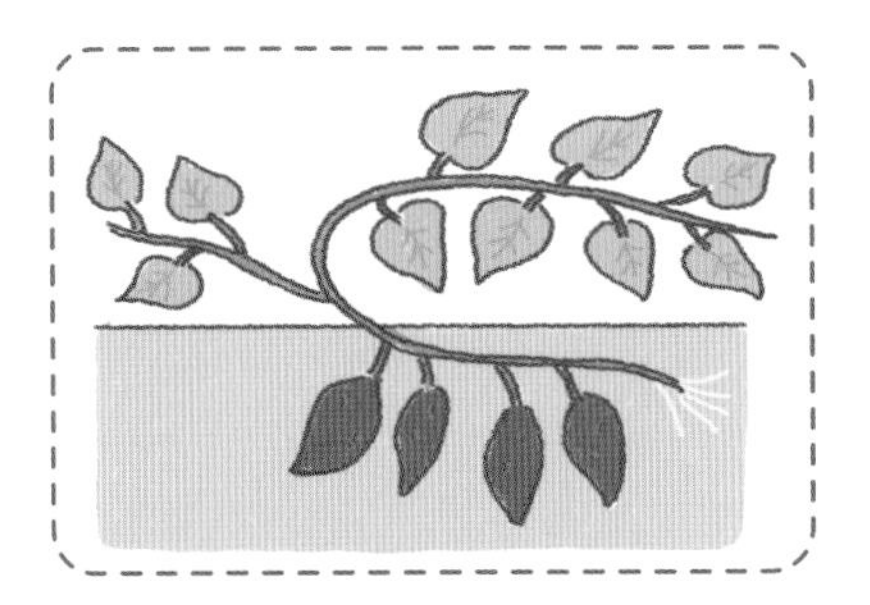

❸ねっこが ふとくなり、サツマイモが できる。

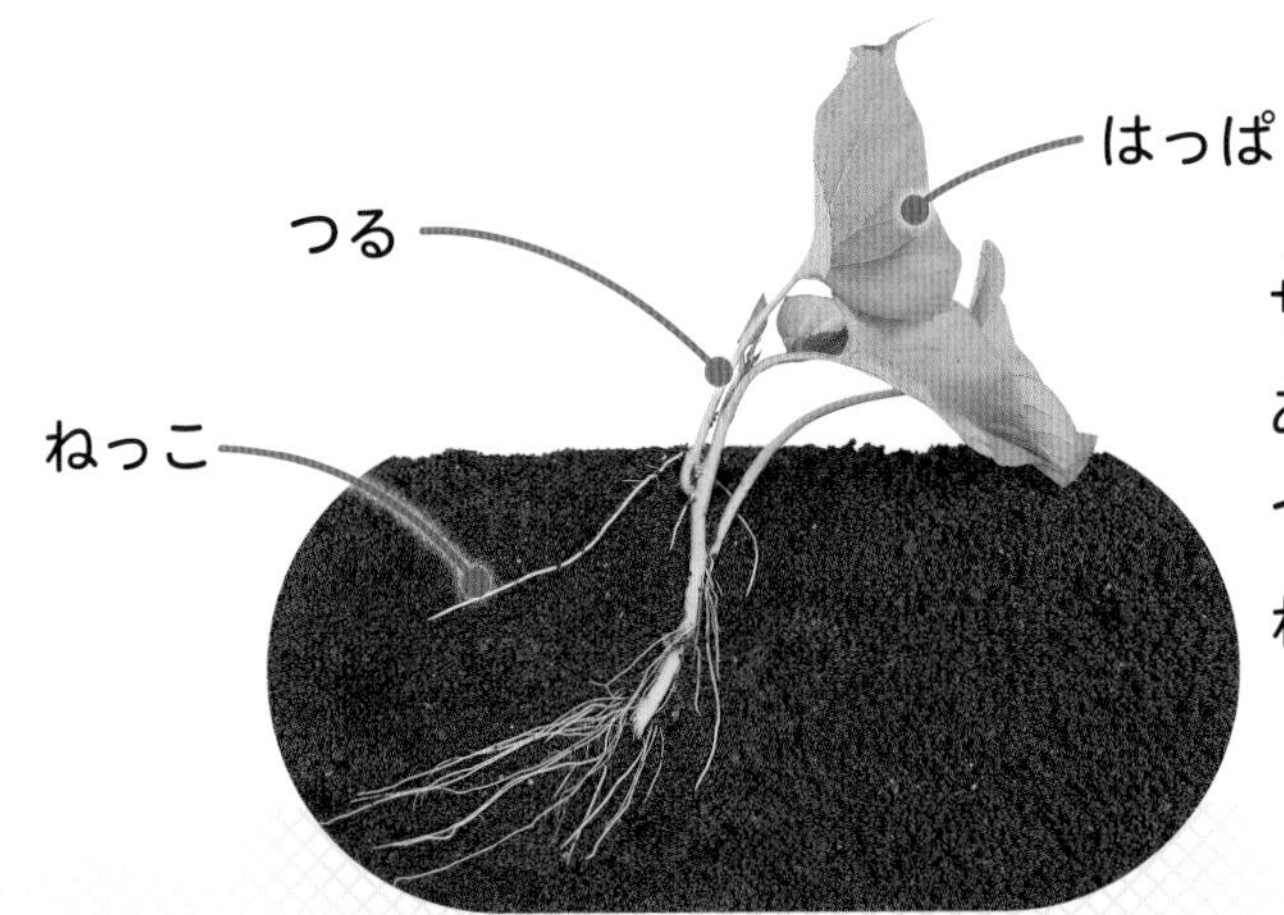

サツマイモの なえには、ねっこが ありません。つちに うえると、つるの とちゅうから ねっこが でてきます。

しろくて　ほそながく
つぶつぶが　ついた
つぼみです。

これは
なんの
つぼみ
でしょう。

これは
ヘクソカズラの
つぼみです。

ヘクソカズラは
みちばたの　やぶや
フェンスに
からみついて
そだちます。

しろい　つぼみの
さきが　ひらいて、
なかが　あかい
ちいさな　はなが
さきます。

つぼみは　ながさが
1センチメートルくらいしか
ありません。

これが
ほんものの
おおきさ

あきの　おわりから　ふゆに　かけて、
ちゃいろい　みが　できます。

もっと しりたい！

くさい においで みを まもる

ヘクソカズラの はっぱを もむと、くさい においが します。

これは、むしなどに はっぱを たべられないように して いるためだと かんがえられて います。

ところが、この においを りようして いる むしが います。ヘクソカズラの しるを のんで くさい においを からだに ため、べつの むしに たべられないように みを まもって いるのです。

においで みを まもる

ヘクソカズラヒゲナガアブラムシは、テントウムシに たべられないように、ヘクソカズラの しるを のんで くさい においを からだに ためます。

クスノキには、スッとした どくとくの においが あります。にんげんに とっては いやな においでは ありませんが、むしが きらう においです。

けが　はえている
むらさきいろの
つぼみです。
これは
なんの
つぼみ
でしょう。

これは
ナス(なす)の
つぼみです。

ナスの　はなは
したむきに　さきます。

できはじめの
ちいさな　ナスの　みは、
つぼみと　よく　にています。

やってみよう!

いろいろな　ナス

ナスには　さまざまな
かたちや　いろが　あります。
にほんで　たべられている
ナスにも、ながいもの、
まるいもの、おおきいもの、
ちいさいもの、
みどりいろのものなど、
たくさんの　しゅるいが　あります。
おみせで　かいものを
するときに、ナスの　かたちや
いろを　みたり、
くらべたりしてみましょう。

へたの　いろも、むらさきいろと
みどりいろが　あります。
ナスの　しゅるいによって、
りょうりの　ほうほうも　かわります。
にたり、やいたり、あげたりして、
あじくらべを　してみましょう。

トウモロコシみたいな
きいろい
つぼみです。

これは
なんの
つぼみ
でしょう。

これは
シダレヤナギの
つぼみです。

はるに　なると、
じめんまで　とどくような
ほそくて　ながい　えだに
ちいさな　はなが
たくさん　さきます。

おばな

はなが　さくと
すこし　うえを
むきます。

つぼみの　ときは
したを　むいています。

シダレヤナギには
オスの　きと
メスの　きが　あり、
にほんに　ある　きは
ほとんどが　オスの　きです。

もっとしりたい！

ヤナギの　したに　いるものは？

むかしから、ヤナギは　みずの　そばに　うえられてきました。ヤナギの　ねっこで　つちを　かため、きしが　くずれないように　するためです。

「やなぎの　したの　どじょう」と　いう　ことわざは、みずの　そばに　ヤナギが　あることから　うまれた　ことわざです。

ヤナギの　したの　かわや　いけで　ドジョウを　つかまえたとしても、もういちど　つかまえられるとは　かぎらない、うまいことは　そうあるものではないと　いう　いみです。

ヤナギと　セットに　なるもの

ゆうれい

ヤナギの　えだの　かげに　たたずむ　ゆうれいを　えがいた　えが　たくさん　あります。

ドジョウ

ヤナギが　うえられている　みずべで　ドジョウを　とる　ひとが　おおかったのかもしれません。

ピンクいろの
とても　おおきな
つぼみです。

これは

なんの
つぼみ
でしょう。

これはホオノキのつぼみです。

かたく　とじた
つぼみが
ゆっくり　ひらき
しろい　おおきな
はなが　さきます。

はなは　ひらくと
はしから　はしまでが
15センチメートル（せんちめえとる）より
おおきく　なります。

もっと しりたい！

りょうりに　つかわれる　ホオノキの　はっぱ

ホオノキの　はっぱは
とても　おおきく、なかには
ながさが　30センチメートルより
おおきくなる　ものも　あります。
じょうぶで　かおりも　よいので
むかしから　りょうりを
もりつける　うつわに　するためや、
たべものを　ほぞんするために
つかわれてきました。
ホオノキが　おおい　ちいきでは
いまでも　「ほおばみそ」などの
りょうりに　つかっています。

ホオノキの　はっぱを　つかう　りょうり

ほおばずし

ちらしずしを　ホオノキの
はっぱで　くるんで、
おべんとうに　します。

ほおばみそ

みそに、ネギや　きのこなどを
まぜて、ホオノキの　はっぱに
のせ、すみびで　やいた　ものを、
ごはんに　のせて　たべます。

ほおばもち・ほおばまき

つきたての　おもちや、
あんこを　いれた　おもちを
ホオノキの　はっぱで
くるんだ
ものです。

はなが　さくのは　いつ？

この　ほんで　しょうかいしている　しょくぶつは、いつごろ　はなが　さくのでしょう。
みや　たねは　いつごろ　できるのでしょう。
したの　ひょうを　みてみましょう。

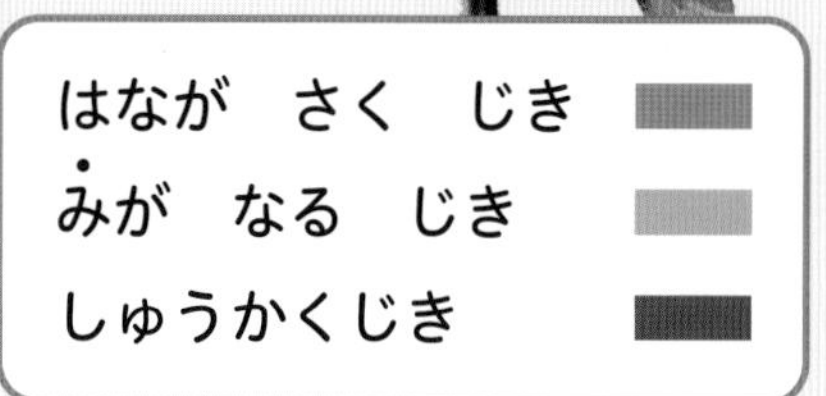

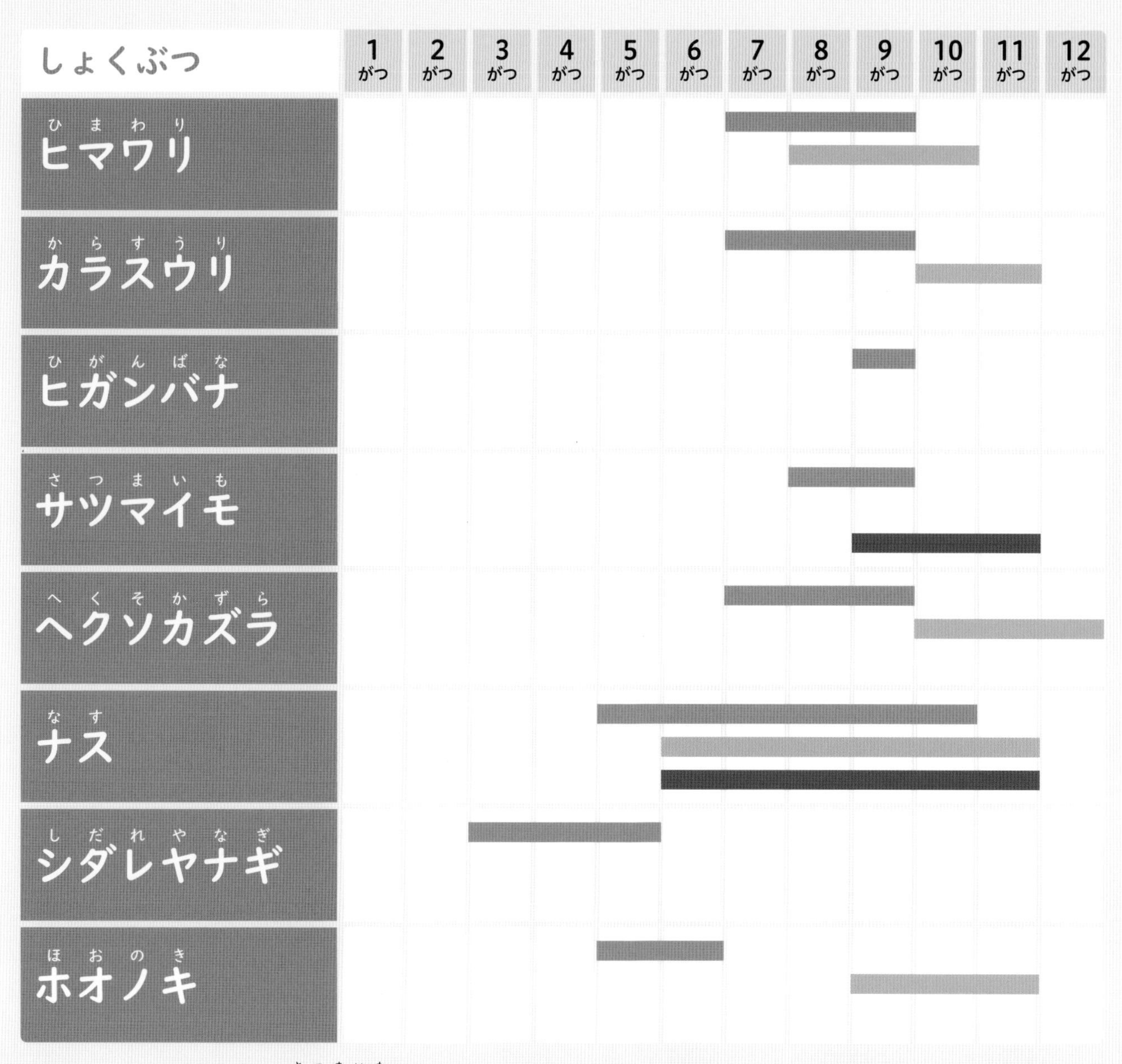

※サツマイモの　はなは、にほんでは　おきなわけんなどでのみ　みることが　できます。

しょくぶつって　なに？

わたしたち　にんげんは、
どうぶつの　なかまです。
しょくぶつは、
どうぶつと　ちがって
あしで　あるきません。
くちから　ごはんを
たべることも　ありません。
しかし、しょくぶつも
いきています。
しょくぶつには
おおきく　わけて
きと　くさが　あります。
しょくぶつの　からだの
つくりや、しょくぶつの
いっしょうを
みてみましょう。

しょくぶつの　からだの　つくり

きと　くさの　からだを
くらべてみましょう。

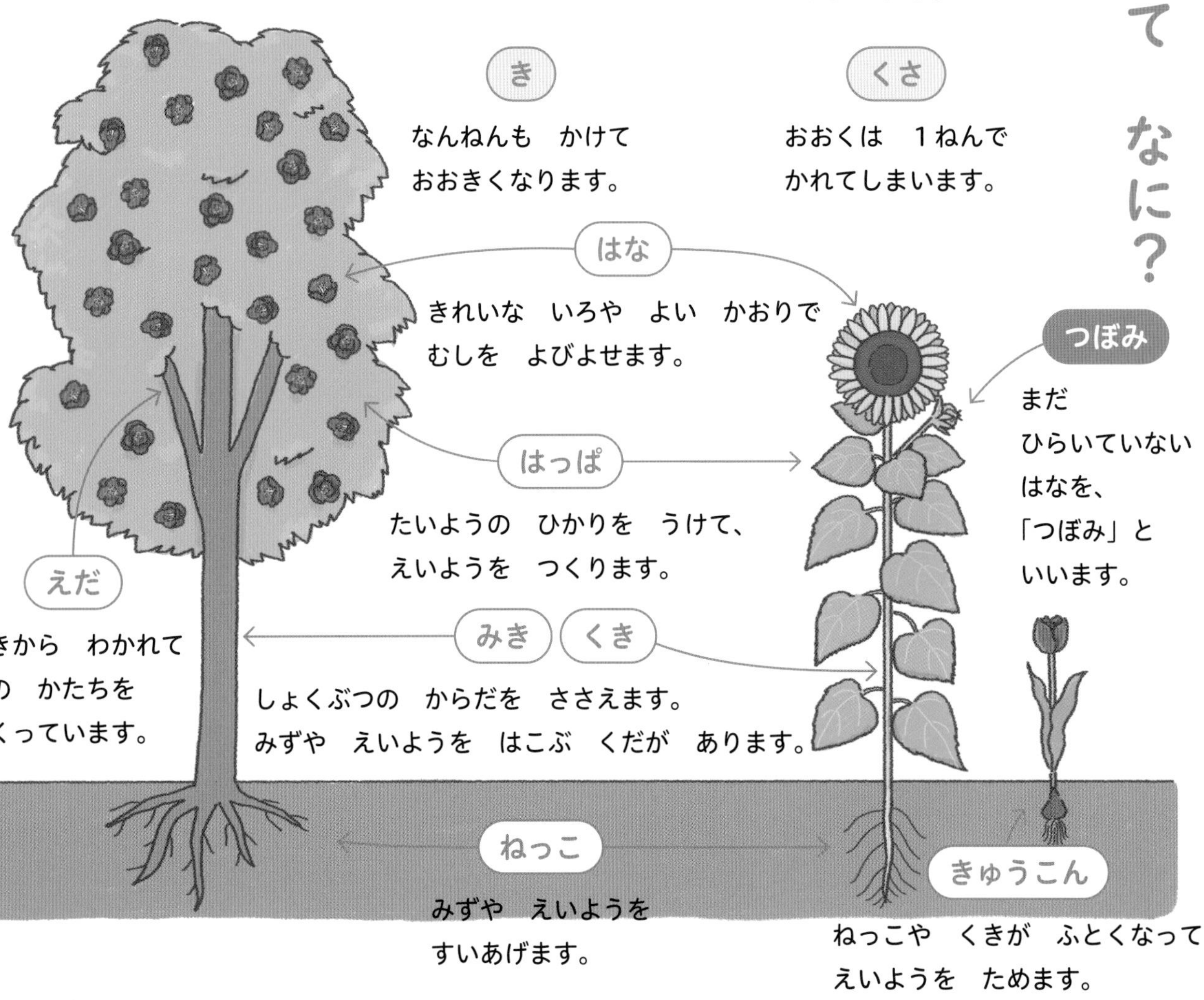

き
なんねんも　かけて
おおきくなります。

くさ
おおくは　１ねんで
かれてしまいます。

はな
きれいな　いろや　よい　かおりで
むしを　よびよせます。

つぼみ
まだ
ひらいていない
はなを、
「つぼみ」と
いいます。

はっぱ
たいようの　ひかりを　うけて、
えいようを　つくります。

えだ
みきから　わかれて
きの　かたちを
つくっています。

みき　くき
しょくぶつの　からだを　ささえます。
みずや　えいようを　はこぶ　くだが　あります。

ねっこ
みずや　えいようを
すいあげます。

きゅうこん
ねっこや　くきが　ふとくなって
えいようを　ためます。

しょくぶつの　いっしょう

しょくぶつの　おおくは
たねから　めを　だし、くきが　のびて
せいちょうしていきます。

ヒマワリの　いっしょう

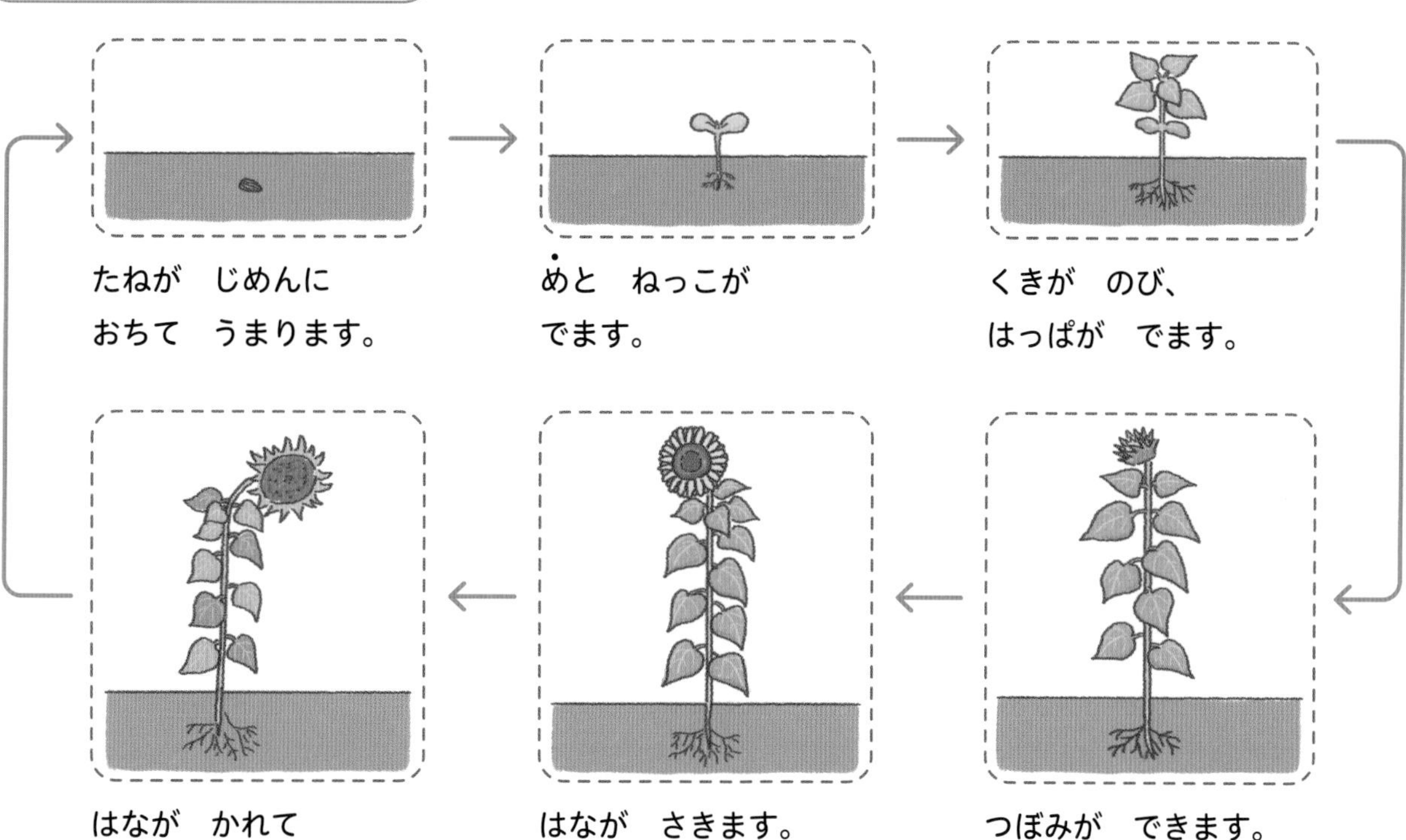

たねが　じめんに
おちて　うまります。

めと　ねっこが
でます。

くきが　のび、
はっぱが　でます。

つぼみが　できます。

はなが　さきます。

はなが　かれて
み（たね）が　できます。

きの　１ねん

きには、あきの　おわりに　はっぱを　おとす　ものと、
１ねんじゅう　はっぱが　ついている　ものが　あります。

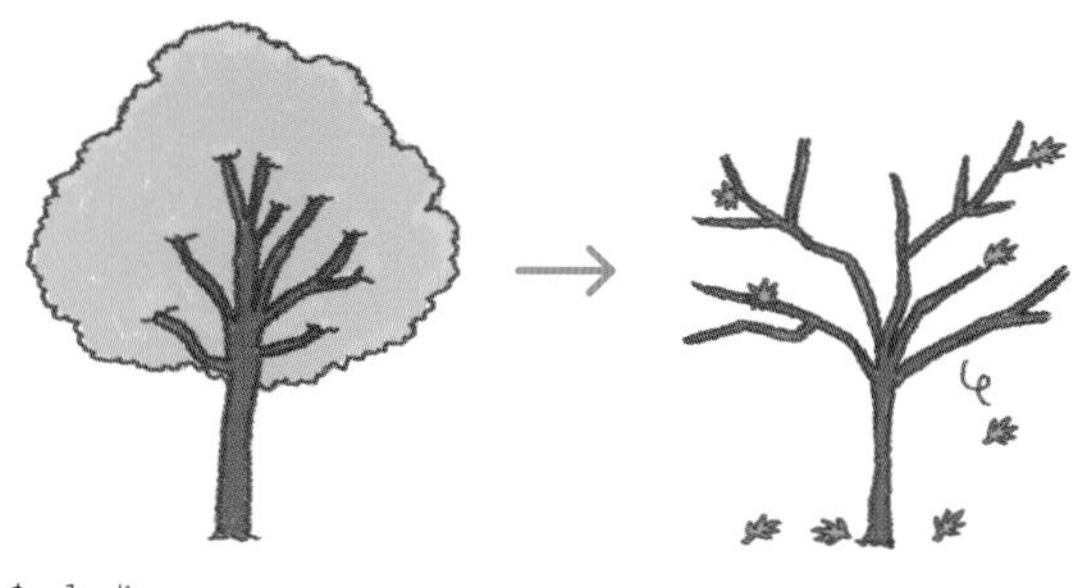

モミジなどは、
はるから　なつに
はっぱを　だして
えいようを　ためます。

あきの　おわりに
はっぱを　おとし、
ふゆは　やすんでいます。

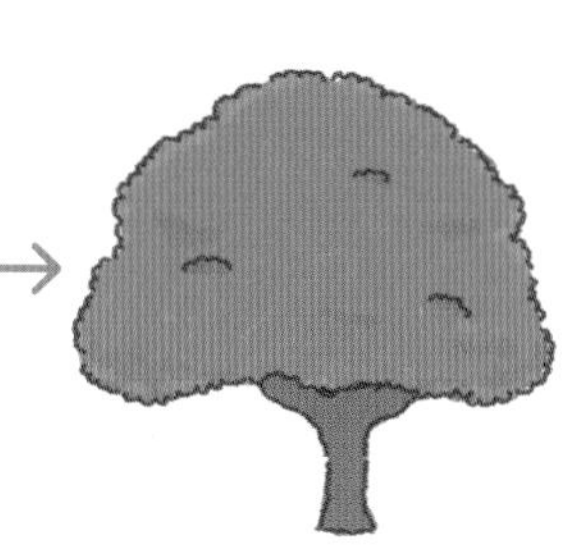

クスノキなどは、はるに
なると、あたらしい
はっぱが　ふえ、ふるい
はっぱを　おとします。

ふゆに　なっても
はっぱを　おとさず
ふゆを　すごします。

こくごを たのしむ

こえに だして よんでみよう

この ほんの ぶんしょうを
こえに だして よんでみましょう。

よむ ときの しせい

ほんは、めの たかさか
すこし ひくい いちに もつ。

せすじを
のばして
たつ。

かたに
ちからを
いれすぎない。

すわって
よむときも
ほんは
もちあげておく。

あしは
すこし ひらく。

くちの うごかしかた

くちを よく うごかして、
おおきな こえで はっきりと よみましょう。

あ

い

う

え

お

よみかたの くふう

ふたり ひとくみに なって、しつもんと こたえを
わけて よんでも たのしいです。

さくいん

このほんで しょうかいしている しょくぶつの なまえなどが でてくる ページや せつめいしている ページを しめしています。

斎木健一

1962年神奈川県生まれ。千葉県立中央博物館分館海の博物館の分館長を退任の後、同博物館本館に再任用の研究員として勤務。配偶者が単身赴任をするなか、子ども3人の子育てを担当し、全員を生きもの好きに育てる。『講談社の動く図鑑MOVE　植物』（講談社）監修。著書に『図鑑大好き！』（彩流社）等。

白坂洋一

1977年鹿児島県生まれ。鹿児島県公立小学校教諭を経て、筑波大学附属小学校国語科教諭。『例解学習漢字辞典』（小学館）編集委員。『例解学習ことわざ辞典』（小学館）監修。全国国語授業研究会理事。「子どもの論理」で創る国語授業研究会会長。主な著書に『子どもを読書好きにするために親ができること』（小学館）、『「学びがい」のある学級』（東洋館出版社）等。

写真撮影　：大作晃一
写真提供　：アフロ　PIXTA　photolibrary
イラスト　：ナシエ
装丁・デザイン　：倉科明敏（T.デザイン室）
DTP　：Studio Porto（山名真弓）
校正　：株式会社麦秋新社
編集制作　：株式会社KANADEL

つぼみ・たね・はっぱ…
しょくぶつ これ、なあに？

① なんの　つぼみ？

発　行　2024年4月　第1刷
2024年8月　第2刷
監　修　斎木健一　白坂洋一
発行者　加藤裕樹
編　集　小林真理菜
発行所　株式会社ポプラ社
〒141-8210　東京都品川区西五反田3-5-8
JR目黒MARCビル12階
ホームページ　www.poplar.co.jp（ポプラ社）
kodomottolab.poplar.co.jp（こどもっとラボ）
印　刷　瞬報社写真印刷株式会社
製　本　株式会社ブックアート

ISBN978-4-591-18059-4　N.D.C. 471 / 39P / 27cm　Printed in Japan
P7249001

つぼみ
たね
はっぱ…

しょくぶつ これ、なあに?

監修: 斎木健一　白坂洋一

全7巻

セットN.D.C. 471

1 なんの つぼみ?
2 なんの たね?
3 なんの はっぱ?
4 なんの み?
5 なんの はな?
6 なんの ふゆめ?
7 なんの くき?

●小学校低学年から
●オールカラー
●AB判
●各39ページ
●図書館用特別堅牢製本図書

がつ　　にち（　　ようび）	なまえ

の　つぼみを　みつけました。

●みつけた　つぼみの　えを　かきましょう。

●どんな　つぼみか　かきましょう。

……………………………………………………

……………………………………………………

……………………………………………………

……………………………………………………

ワークシートは　コピーして　つかうことが　できます。